Charles Nordmann

Les Métamorphoses des étoiles et leur température

Science

ISBN : 978-1722838270

10 9 8 7 6 5 4 3 2 1

Charles Nordmann

Les Métamorphoses des étoiles et leur température

Science

Table de Matières

Depuis qu'il y a des poètes, la contemplation du ciel étoilé a inspiré leurs chants. Dans ces lueurs scintillantes qui animent le silence des nuits, l'imagination des rêveurs a puisé la matière de bien des légendes merveilleuses.

Mais combien plus merveilleuse encore est leur véridique histoire, enregistrée par la science précise, et que chaque jour nous dévoile un peu plus l'Astronomie ! La fiction n'a plus de part ici ; elle est comme écrasée par la splendeur de la simple réalité.

Par l'astronome, « cette obscure clarté qui tombe des étoiles » est soumise à l'examen des instruments de physique ; elle est concentrée au foyer des télescopes, analysée et disséquée dans les spectroscopes, mesurée dans les photomètres. Et, ainsi interrogée, elle nous raconte les événements des lointains univers. La lumière astrale est une messagère subtile des mondes célestes qui nous révèle leurs fastes étonnants. A l'observateur attentif, armé par la science, elle dévoile alors une série de faits grandioses dont la profonde harmonie procure la plus haute des jouissances intellectuelles.

Malheureusement, ces jouissances supérieures, on pourrait dire que les astronomes se les réservent. Ils négligent de les communiquer à tous, dans la langue que tous comprennent. Ils hérissent leurs travaux d'un appareil mathématique terriblement rébarbatif. La langue algébrique leur est commode : elle leur est claire ; elle est comme une sorte de sténographie incomprise du public et qui leur économise le temps. Il faut donc la traduire : il faut faire apercevoir par-dessus le squelette dont ils se contentent, la figure réelle et harmonieuse de la vérité.

C'est ce que nous voudrions faire ici, en exposant quelques-unes de ces surprenantes histoires que les étoiles nous ont racontées récemment.

I. — STRUCTURE DU MONDE STELLAIRE

Avant de montrer comment on a pu, récemment, mesurer, malgré leur prodigieux éloignement, la température et les dimensions des étoiles, et scruter les formes nouvelles qu'y prend la matière, il sera utile d'indiquer à grands traits ce que les plus récentes découvertes nous ont appris d'essentiel sur la structure générale de cet univers stellaire où notre soleil n'est qu'une simple cellule.

Lorsqu'un arpenteur veut mesurer l'altitude d'un point difficilement accessible, comme le sommet d'un clocher, il le vise, au moyen d'une petite lunette, en se plaçant successivement à une certaine distance d'un côté et de l'autre ; un niveau dont est muni l'instrument permet de connaître les deux angles faits successivement par la ligne de visée avec l'horizontale, et il suffit de connaître la distance des deux points d'où les visées ont été faites, et qu'on nomme *la base*, pour en déduire facilement l'altitude cherchée.

C'est par un procédé analogue et en prenant la plus grande base qui soit à notre disposition, c'est-à-dire l'intervalle entre les deux positions extrêmes que la Terre occupe à six mois d'intervalle dans son orbite autour du Soleil, qu'on a réussi depuis le siècle dernier à mesurer les distances de quelques dizaines d'étoiles. On sut ainsi que la plus rapprochée de nous, α du Centaure, est près de 300 000 fois plus loin, et Véga, la belle étoile bleue de la Lyre, plus d'un million de fois plus loin que le Soleil. Il fut alors facile de calculer que si celui-ci, au lieu d'être près de nous (c'est-à-dire à 150 millions de kilomètres seulement) était transporté à côté des étoiles les plus voisines, sa lumière serait à ce point affaiblie qu'il ne nous apparaîtrait plus que comme une simple étoile et non des plus brillantes. Ainsi se trouvait vérifiée pour la première fois l'opinion, qu'avec une merveilleuse intuition enseignaient déjà les philosophes de l'Ecole d'Alexandrie, s'il est vrai, comme Plutarque le raconte, qu'Héraclite ait dit « que chaque étoile était un monde existant dans l'immensité des cieux et avait autour de soi une terre, des planètes, et un espace céleste. »

Mais la connaissance des distances d'une quarantaine d'étoiles était insuffisante pour déterminer la structure de l'univers : à un homme égaré dans une immense forêt, la position des quelques arbres voisins ne peut rien apprendre sur l'étendue et la forme de cette forêt.

Malheureusement, la base qui nous avait servi, le diamètre de l'orbite terrestre, était, malgré ses 300 millions de kilomètres de long, tellement infime à côté des distances à mesurer, qu'il fallut renoncer à connaître jamais, par ce procédé, même l'éloignement d'une centaine d'étoiles.

On aborda alors le problème par des méthodes indirectes. Un exemple familier en fera comprendre le principe. Lorsque, par une nuit noire, un passant veut apprécier la longueur d'une rue où s'alignent à perte de vue les files de becs de gaz, il remarquera deux choses, s'il est un peu observateur. D'une part, les becs de gaz les plus proches, lui paraissent nettement distincts, tandis qu'à mesure que son regard s'éloigne, ils semblent, par l'effet de la perspective, se rapprocher les uns des autres jusqu'à paraître presque se toucher. Comme il sait que tous les becs de gaz sont à peu près équidistants en réalité, il lui sera facile de juger de la distance des plus éloignés, par la quantité dont l'écartement apparent de deux becs successifs diminue d'un bout de la rue à l'autre. Si un service de la voirie capricieux a disposé ces becs de gaz un peu au hasard et à des distances quelconques les uns des autres, notre homme ne sera pas embarrassé pour si peu s'il est ingénieux… Et s'il a un photomètre dans sa poche. Il sait en effet que l'éclat d'une source lumineuse varie comme le carré de la distance, c'est-à-dire est réduit à un quart lorsque cette distance a doublé ; il déduira facilement ce qu'il veut savoir du rapport des éclats apparents du bec de gaz le plus éloigné et de celui qui est à deux pas de lui. Enfin, si notre passant fait quelques pas dans la rue, les becs les plus voisins lui sembleront se déplacer beaucoup plus vite que les autres, et le rapport de ces déplacements apparents lui fournit une troisième façon d'apprécier les distances.

De là trois catégories de méthodes qui, appliquées dans les observatoires avec les instruments les plus délicats, ont finalement permis de définir la structure de l'Univers. On a su ainsi que la plupart des quelques centaines de millions d'étoiles observables aujourd'hui dans les lunettes, fait partie, ainsi que notre modeste Soleil, de la Voie Lactée. Ce ruban de pâle lumière, jeté comme une écharpe légère à travers le ciel noir, est en réalité un fantastique amas d'étoiles ayant la forme d'une spirale aplatie. Nous savons maintenant, surtout depuis les travaux récents du Hollandais Kapteijn, que cette spirale n'est pas immobile, et que les étoiles s'y déplacent avec des vitesses souvent prodigieuses, que seule leur distance nous rend presque imperceptibles. Ces mouvements ne se font point dans toutes les directions, comme on l'a cru un moment, à l'époque encore récente où l'on pensait pouvoir raisonner sur les étoiles comme sur les molécules d'un gaz qui se déplacent dans tous les sens et sans coordination. L'ordre règne ici. Il est établi maintenant que les étoiles de la Voie Lactée se meuvent presque uniquement dans deux directions privilégiées et opposées l'une à l'autre, comme font les passants dans une rue. Quelles forces formidables sont en jeu qui ont polarisé ainsi les mouvements de millions de soleils ? Nous n'en savons rien à l'heure actuelle. Notre soleil lui-même, simple goutte d'eau dans cet immense torrent, est emporté ainsi que tout son cortège de planètes vers la constellation d'Hercule avec une vitesse de 72 000 kilomètres à l'heure. En revanche, nous sommes maintenant assez bien renseignés sur les dimensions de la Voie Lactée, mais il nous faut renoncer à les exprimer même en millions de kilomètres, et chercher un autre langage. La lumière qui parcourt, comme chacun sait, 300 000 kilomètres en une seconde, et nous vient du Soleil en 8 minutes environ et de Sirius en moins de 9 ans, mettrait à traverser la Voie Lactée dans sa plus grande largeur au moins 25 000 ans. Lorsque nous analysons, par les procédés dont nous allons parler maintenant, les phénomènes thermiques qui se manifestent dans ces étoiles lointaines, il ne s'agit point de faits actuels et présents. Nous devrions dire, pour être exacts, que les phénomènes dont nous voyons sous nos yeux les effets, avaient lieu il y a plusieurs dizaines de siècles, avant sans doute, que l'humanité eût une histoire. Ce sont des choses aussi lointaines dans le temps que dans l'espace.

Que devient à côté de cela la naïve légende hellène, d'après laquelle la Voie Lactée fut faite de quelques gouttes de lait qu'Hercule enfant laissa tomber jadis du sein de Junon ? Si charmante que soit cette fable, peut-être devons-nous admirer davantage la profondeur et la subtilité de Démocrite qui écrivait il y a vingt-cinq siècles que « la Voie Lactée est composée d'étoiles, mais trop pressées, vu la distance prodigieuse qui les sépare de nous, pour qu'on puisse les discerner une à une. »

Renan un jour, pour contempler plus à son aise les contingences de ce grain de poussière ridicule qu'on appelle la Terre, inventa le point de vue de Sirius. Mais ce point de vue peut paraître, en somme, encore très fortement entaché d'anthropocentrisme, puisque Sirius se trouve, à tout prendre, un de nos plus proches voisins dans cet archipel de l'Infini qu'est la Voie Lactée.

II. — LA TEMPÉRATURE DU SOLEIL

Telle est dans ses grandes lignes ce qu'on peut appeler l'anatomie de l'Univers stellaire. Quant à la physiologie de cet immense organisme, il appartenait à l'Astrophysique, cette jeune et déjà glorieuse sœur de l'ancienne Astronomie, de nous en faire pénétrer les secrets.

De toutes les notions par lesquelles se caractérisent à nos yeux les êtres qui constituent le monde extérieur, la température est peut-être celle qui nous permet le mieux de définir leurs divers états physiques. La température de la matière ne peut pas varier sans que, en général, toutes ses autres propriétés varient parallèlement. La mesure de la température des astres est donc un des problèmes fondamentaux qui se posaient à l'Astrophysique. De sa solution dépendront dans une large mesure nos connaissances sur l'évolution des étoiles et sur celle de la matière.

La sensation plus ou moins intense de froid ou de chaud que nous donne le contact d'un objet, constitue en somme une méthode de mesure des températures, en ce sens qu'elle nous permet de dire que tel objet est plus chaud que tel autre, de classer en un mot, suivant une échelle de températures croissantes, les divers objets accessibles simultanément à notre toucher. Il convient d'ailleurs de ne pas trop se fier à ces données immédiates de nos sens, puisque nous savons que les froids très vifs, comme ceux que produit l'air liquide, procurent la même sensation qu'une brûlure. Il n'en est pas moins vrai que les procédés plus précis, employés habituellement pour définir la température, dérivent de cette simple méthode de contact. Un thermomètre ne peut nous renseigner sur l'état calorifique d'un objet (que celui-ci soit l'atmosphère extérieure ou le corps d'un malade) que lorsqu'il le *touche*, si bien que la colonne de mercure thermométrique n'est qu'un artifice par lequel nous avons suppléé à l'insuffisante délicatesse de notre sens tactile.

Les étoiles étaient donc forcément inabordables avec ces

procédés. Si on veut excuser ici un exemple familier, il est permis de dire que la pyrométrie des objets inaccessibles fut créée le jour où un coiffeur imagina, pour juger de la température de son fer à friser, de l'approcher à quelques centimètres de sa joue. C'est d'une manière analogue en principe, encore qu'un peu plus précise dans l'application, qu'on a réussi pour la première fois à avoir quelques données exactes sur la température du Soleil. On sait en effet que les corps incandescents nous envoient non seulement des rayons lumineux, mais aussi des rayons calorifiques invisibles, et l'on connaît actuellement d'une manière précise, surtout grâce aux découvertes du physicien viennois Stefan, comment varie la quantité de chaleur ainsi rayonnée par un corps, lorsque sa température augmente dans une proportion donnée. Le problème consistait donc uniquement à mesurer très exactement la quantité de chaleur que nous recevons du Soleil. Au moyen d'appareils spéciaux (actinomètres et pyrhéliomètres), on a déterminé avec exactitude dans ces dernières années, spécialement grâce à des observations faites sur de hautes montagnes, que la quantité de chaleur que, dans une minute, chaque centimètre carré de la Terre reçoit du Soleil aux limites de l'atmosphère est égale à environ 2 grandes calories. C'est-à-dire que si, à l'extérieur de l'hémisphère terrestre tourné vers le Soleil, et au-dessus de l'atmosphère, se trouvait une couche d'eau d'une épaisseur uniforme de 20 centimètres, la chaleur reçue du Soleil par cette couche d'eau serait suffisante pour la porter entièrement de 0° à 100° en une minute.

Etant donné la distance énorme qui nous sépare du Soleil (150 millions de kilomètres) et qui fait que nous ne recevons qu'une fraction infime de l'énergie rayonnée par lui, on peut calculer avec ces données que la puissance du rayonnement du Soleil est équivalente à 580 000 millions de millions de millions de chevaux-vapeur. Cela veut dire que chaque mètre carré de la surface du Soleil (sa surface totale est de 6 quatrillons de kilomètres carrés) produit à chaque instant autant d'énergie que le pourraient faire les machines de neuf cuirassés de 10 000 chevaux-vapeur chacune, fournissant ensemble tout le travail qu'elles peuvent donner.

De ces résultats enfin on a déduit en appliquant la loi de Stefan, dont il a été question plus haut, que la température de la photosphère, c'est-à-dire de cette enveloppe du Soleil qui nous envoie sa chaleur et sa lumière, est comprise entre 5 000° et 6 000°. On peut considérer ce dernier résultat comme bien établi, car les données obtenues récemment sur ce sujet, en France et à l'étranger, et au moyen d'appareils très différents, sont parfaitement concordantes.

Ceci nous prouve que le Soleil possède une température incomparablement plus élevée que les plus hautes qui aient été produites dans nos laboratoires où le cratère positif de l'arc électrique dont la température n'a pas été dépassée sur la Terre n'a en effet que 3 300° centigrades environ.

Le Soleil est malheureusement le seul astre auquel la méthode précédente soit applicable. La quantité de chaleur que nous recevons des étoiles est en effet tellement faible que, malgré l'emploi des appareils les plus délicats et des lunettes les plus puissantes, il est complètement impossible de la mesurer à l'heure actuelle ; elle paraît devoir échapper pendant longtemps encore à tous nos moyens d'investigation.

Et cependant, l'évaluation de la température des étoiles était d'une trop haute importance philosophique pour que ce problème fût abandonné. On a cherché depuis quelques années à l'aborder par des méthodes indirectes et en particulier par l'analyse spectrale. Les résultats obtenus dans cette voie par sir Norman Lockyer, le célèbre astronome anglais, sont en vérité admirables, et ils témoignent d'une si puissante maîtrise, ils ont ouvert à la pensée des avenues si vastes et si profondes dans la sombre forêt de l'Inconnu, qu'il est nécessaire de s'y arrêter un peu.

III. — LES SPECTRES D'ÉTOILES : LEURS VARIATIONS AVEC LA TEMPÉRATURE DE L'ÉTOILE

Chacun sait, depuis l'immortelle découverte de Newton, que la lumière est formée de la superposition de rayons diversement colorés, et qu'un faisceau de lumière blanche, lorsqu'il tombe sur un prisme de verre, en sort étalé et décomposé suivant les couleurs de l'arc-en-ciel en formant ce qu'on appelle un *spectre*. Or, de même que, dans une partition, l'oreille reconnaît parfaitement, malgré leur superposition, les sons de divers instruments » de même, dans cette symphonie visuelle qu'est le spectre d'une source lumineuse, nous savons distinguer maintenant la nature et les éléments chimiques de cette source. Frauenhofer, il y a bientôt un siècle, avait remarqué que le spectre du Soleil est sillonné d'un grand nombre de raies noires extrêmement fines, et dont la position est invariable. L'analyse spectrale des astres fut créée du jour où Kirchhoff et Bunsen démontrèrent que l'on peut, au laboratoire, produire le même phénomène en interposant des vapeurs métalliques incandescentes devant une flamme dont on étudie le spectre. Les raies noires qui apparaissent alors dans celui-ci sont bien définies et invariables pour un métal donné et ont dans les diverses couleurs des positions caractéristiques de ce métal.

C'est ainsi qu'on a constaté dans l'atmosphère solaire la présence de la plupart des éléments chimiques que l'on trouve sur la Terre, et parmi beaucoup d'autres métaux, du fer, de l'hydrogène, du calcium, qui paraissent y exister en quantités considérables. Bientôt étendue aux étoiles, cette méthode y montrait des éléments pour la plupart également connus. Ainsi se trouvait affirmée avec éclat *l'unité matérielle de l'Univers*. Un atome de fer ou d'hydrogène a donc les mêmes propriétés, il émet les mêmes ondes lumineuses, soit qu'il vibre sur la Terre, dans le Soleil, dans Sirius ou dans la plus lointaine étoile de la Voie Lactée.

Les formes dans lesquelles s'est cristallisée la matière sont donc partout uniformes et indépendantes de l'espace. Mais ne dépendent-elles pas du temps, ce grand facteur de toutes les évolutions ? Et aussi ne dépendent-elles point de ce puissant élément de variation qu'est la température ? Ce sont les questions auxquelles, depuis plus de vingt ans, travaille sir Norman Lockyer, et les contributions qu'il y a apportées sont, on va en juger, profondément suggestives.

En ce qui concerne le Soleil lui-même, certains faits curieux avaient depuis longtemps attiré l'attention : en outre des raies spectrales se rapportant à des éléments connus, Lockyer y avait constaté, dès 1869, la présence d'une raie jaune particulièrement intense, d'origine mystérieuse, qu'on attribua à un gaz hypothétique, exclusivement solaire. On appela pour cette raison ce gaz l' « hélium. » Or, en 1895, on découvrit que l'hélium existe dans l'atmosphère terrestre, et aussi en assez grande quantité dans un minéral connu, la cléveite. Ainsi on avait trouvé un corps inconnu, dans le Soleil, à 150 millions de kilomètres de nous, près de quarante ans avant de constater sa présence dans l'air que nous respirons ! On peut dire que depuis la découverte de Neptune par Leverrier, il n'y avait pas eu de preuve plus éclatante de la puissance des méthodes astronomiques. Il est donc possible que les autres raies d'origine inconnue, qu'on a trouvées dans le Soleil et qu'on a attribuées à des éléments nouveaux, soient dues à des corps qu'on trouvera plus tard sur la terre, et rien n'autorise à attribuer ces raies à des modifications particulières des substances solaires sous l'action de l'énorme température qui y règne.

Mais il y a tout un ensemble de faits curieux constatés dans les spectres d'étoiles, et qui sont au contraire beaucoup plus riches de conséquences à ce point de vue. Dans un certain nombre d'étoiles blanches, et notamment celles de cette majestueuse constellation d'Orion qui se couche actuellement à l'horizon méridional dès la tombée de la nuit, le spectre n'est sillonné que d'un très petit nombre de raies noires, celles de l'hydrogène et de l'hélium. Les raies des métaux sont absentes ou rares et à peine visibles. Dans une autre catégorie à laquelle appartiennent notamment les deux plus belles étoiles bleues de notre ciel, Sirius et Véga, les raies de l'hélium sont plus faibles ; celles de l'hydrogène au contraire, beaucoup plus intenses, indiquent que ce gaz constitue la majeure partie des atmosphères de ces étoiles ; en outre les raies des métaux, et notamment du calcium, y sont notablement plus nombreuses et plus intenses que dans les étoiles d'Orion. — Ensuite vient un groupe d'étoiles, dont font partie Arcturus et Capella et où les raies métalliques, celles notamment du fer et du titane, sont intenses et nombreuses ; ces spectres sont identiques à celui du Soleil. — Enfin, au bas de la série, nous trouvons des étoiles rouges comme Antarès et α d'Hercule, où les raies métalliques sont encore beaucoup plus marquées, et où, en outre de celles qui appartiennent à des « éléments chimiques » et que seules nous avions rencontrées dans les classes précédentes, se trouvent les raies de plusieurs « corps composés » et notamment des oxydes de manganèse ou de titane et du cyanogène. En résumé, à mesure qu'on passe des étoiles d'Orion aux étoiles à oxyde de titane et à cyanogène, on constate que le nombre et la complexité des raies spectrales augmentent et que, dus d'abord uniquement à des gaz très légers, les spectres d'étoiles manifestent peu à peu la présence de métaux de plus en plus nombreux et plus lourds, jusqu'à ce qu'arrivent enfin les molécules pesantes des composés chimiques.

Quelle est la cause de ces changements progressifs ? Sir Norman Lockyer remarqua que les diverses raies caractéristiques d'un métal donné, le magnésium par exemple, n'ont pas les mêmes intensités relatives dans tous les spectres d'étoiles : tandis que l'intensité de la plupart des raies du magnésium croît régulièrement lorsqu'on passe des étoiles d'Orion aux étoiles rouges, cette intensité suit une marche inverse pour d'autres raies de ce même métal. Ces dernières dans les étoiles à hélium sont relativement très marquées, et mieux visibles que dans les étoiles rouges ou dans le spectre du magnésium, tel que nous savons le produire sur la Terre. Cette dernière catégorie de raies que Lockyer appela *enhanced lines* (raies renforcées) a été de sa part l'objet d'une merveilleuse série d'expériences : en produisant dans son laboratoire le spectre du magnésium à des températures de plus en plus élevées, c'est-à-dire d'abord par la simple combustion de ce corps, puis au moyen d'une flamme de gaz, puis de l'arc électrique et enfin de l'étincelle électrique très condensée, il découvrit que l'importance relative des « raies renforcées » par rapport aux raies ordinaires augmente en même temps que la température de la source où on vaporise le magnésium. Des constatations identiques furent faites au sujet des « raies renforcées » du fer, du calcium et, en général, de la plupart des corps présents dans les étoiles.

De cette longue série d'expériences démonstratives qu'il a corroborées d'ailleurs de multiples façons, sir Norman Lockyer a cru récemment pouvoir tirer des conclusions dont la hardiesse et l'envergure philosophique sont puissamment suggestives et qu'on peut résumer ainsi : Les différences essentielles qui existent entre les divers types d'étoiles, au point de vue de leur composition chimique, sont dues aux températures différentes qui y règnent. Quand la température s'élève, les atomes des éléments chimiques caractérisés par leur raies spectrales ordinaires se disloquent pour donner lieu à des formes plus simples caractérisées par les « raies renforcées, » et que Lockyer appelle des « proto-éléments. » Ces « proto-métaux, » lorsque la température s'élève encore, se dissocient eux-mêmes pour former d'autres éléments de plus en plus légers et simples, et aboutir finalement à la transmutation de tous les autres corps en hydrogène et en hélium. Les étoiles d'Orion seraient donc les plus chaudes du ciel ; et la simplicité plus ou moins grande des spectres stellaires ainsi que l'importance qu'y ont les « raies renforcées » seraient caractéristiques des températures des étoiles.

IV. — L'AGE DES ÉTOILES. — LA TRANSFORMATION DE LA MATIÈRE STELLAIRE

Deux grandes idées philosophiques se dégagent de ces recherches, celle d'une évolution chimique et thermique des étoiles, et celle de la transmutation des éléments chimiques par l'action de la chaleur.

A la vérité, on aurait déjà pu déduire de la belle théorie cosmogonique de Laplace l'idée d'une évolution calorifique des étoiles. D'après cette hypothèse, qui, bien que vieille d'un siècle, est encore l'image la plus simple et la plus parfaite que nous ayons pu concevoir de la formation du système planétaire, le Soleil résulterait de la condensation progressive d'une vaste nébuleuse gazeuse, très diluée et qui, s'étendant à l'origine jusqu'au-delà de l'orbite de Neptune, se serait peu à peu concentrée par l'effet nécessaire de la gravitation jusqu'à être réduite aux dimensions actuelles du Soleil. Or Helmholtz a démontré que la chaleur produite par le seul effet de la chute de la matière vers le centre de la masse initiale, a dû suffire à amener cette masse à l'incandescence. On peut calculer ainsi que la chaleur produite reste supérieure à celle qui est perdue par le rayonnement tant que la condensation n'est pas très avancée ; mais celle-ci tend vers une limite qui est près d'être atteinte par le Soleil, et alors, la chaleur due à la gravitation ne suffisant plus à compenser la perte par rayonnement, l'astre se refroidit et doit finalement s'éteindre.

Les étoiles passent donc à un moment de leur existence par un maximum de température. Ce sont précisément les résultats auxquels, par une voie toute différente, est arrivé Lockyer. Les étoiles à hélium et à hydrogène, Sirius notamment, seraient donc des astres relativement jeunes. Au contraire, le Soleil ne nous envoie plus que les restes d'une ardeur qui s'éteint ; ses minutes ou plutôt ses siècles sont comptés, et d'après les calculs de lord Kelvin, nous ne pouvons espérer le voir briller encore que 5 ou 6 millions d'années tout au plus !

L'autre conception maîtresse de Lockyer, celle de la mutation thermique des éléments, était bien autrement novatrice. Lorsque son auteur l'énonça, il y a quelques années, elle fut considérée comme une proposition quasi hérétique par la plupart des chimistes pour qui, depuis Lavoisier, l'immutabilité des corps simples était devenue une sorte de dogme intangible. On ne trouvait, il est vrai, rien à opposer au faisceau des faits démonstratifs que Lockyer avait découverts dans les étoiles ; mais, à défaut d'arguments, on se réfugiait dans un scepticisme dédaigneux. Et parce que les misérables petites sources d'énergie dont nous disposons dans nos laboratoires étaient jusqu'alors impuissantes à réaliser ce que fait la nature dans les formidables creusets des étoiles, on se croyait le droit de douter.

Les découvertes surprenantes auxquelles donne lieu en ce moment même le radium réservaient au vénérable astronome anglais une douce revanche, bien rarement accordée aux novateurs pendant leur vie. Sir William Ramsay, le physicien même qui trouvait l'hélium dans la cléveïte, il y a quelques années, a établi récemment que l'émanation du radium se transforme en hélium, et qu'en présence de cette même émanation, le thorium et le zirconium se transforment en carbone. Ainsi se trouve démontrée pour la première fois sur la. Terre la possibilité de cette transmutation des éléments, tant invoquée par les alchimistes médiévaux et tant raillée par les chimistes du XIXe siècle.

Quelqu'un remarquait récemment que, dans les expériences de Ramsay, on transforme les éléments d'une même famille chimique dans le plus léger d'entre eux, et que rien ne prouve la possibilité de la transmutation inverse que cherchaient les alchimistes, puisque les métaux précieux sont précisément les plus lourds de chaque famille. A cela on répondra que s'il est exact que l'évolution chimique des étoiles corresponde à leurs températures, les étoiles nous offrent un exemple complet de transmutation dans le sens cherché par les alchimistes, puisque les métaux les plus lourds n'y apparaissent qu'après les éléments légers et lorsqu'elles se sont suffisamment refroidies. La mesure exacte de ces températures est donc un des problèmes les plus importants de l'astrophysique, puisqu'elle seule peut nous permettre de juger en définitive de la valeur des hypothèses de Lockyer, et de toutes les conséquences que l'on vient d'en déduire.

V. — MESURE RÉCENTE DE LA TEMPÉRATURE DES ÉTOILES

Au moyen d'une méthode qui est employée à l'Observatoire de Paris par l'auteur de ces lignes, et qu'il a appelée, faute d'un vocable moins barbare, la « photométrie hétérochrome des astres, » il a été possible d'apporter quelques précisions nouvelles dans cet ordre d'idées.

La mesure de la répartition de l'éclat lumineux dans les spectres des étoiles (c'est-à-dire l'étude de l'intensité de leurs rayons rouges par exemple, par rapport à celle des rayons verts ou bleus) est l'objet immédiat de cette méthode. Le principe en est extrêmement simple. Au moyen d'une petite lampe électrique (dont la température et l'éclat sont bien connus) on réalise, grâce à un dispositif optique spécial, une étoile artificielle dont on juxtapose, dans la lunette, l'image à celle de l'étoile que l'on veut observer. Un procédé simple permet de faire varier de quantités connues l'éclat de l'étoile artificielle que l'on amène ainsi à être égal à celui de l'étoile réelle ; enfin on interpose successivement, sur les trajets des rayons des deux astres, des écrans colorés, combinés de façon à ne laisser passer en même temps, parmi les rayons dont l'ensemble constitue la lumière blanche de ces étoiles, que les rayons rouges, les verts ou les bleus. Il est clair qu'on a de la sorte une mesure de l'intensité relative des rayons des diverses couleurs dans la lumière de l'étoile artificielle initiale et dans celle de l'astre observé.

Cette intensité relative est, comme nous l'allons voir, étroitement liée à la température de l'étoile. De plus, elle est indépendante de sa distance à la Terre, car, lorsqu'une source lumineuse s'éloigne, l'éclat de tous les rayons qui en émanent est diminué dans la même proportion. Lorsqu'on chauffe progressivement un morceau de fer, on constate qu'il devient d'abord rouge sombre, puis successivement orangé, rouge vif et enfin, lorsqu'il est près de fondre, blanc éblouissant. Ces changements sont dus à ce que la lumière qu'il émet est d'abord uniquement composée de rayons rouges ; à mesure que la température s'élève, l'intensité des rayons rouges s'accroît lentement, mais le fer en même temps émet une proportion de plus en plus forte des rayons des autres couleurs, verts, bleus, etc., dont le mélange avec ces rayons rouges produit la succession des sensations colorées que nous venons de décrire. Autrement dit, l'importance de l'extrémité bleue du spectre croît plus vite que celle de la partie rouge. Edmond Becquerel a montré le premier que c'est là un fait général : tous les corps opaques, quelle que soit leur nature, lorsqu'on les porte à l'incandescence, ont, à une même température, sensiblement la même couleur, c'est-à-dire que la proportion des divers rayons du spectre y est identique. Grâce aux travaux de Violle et de Le Chatelier en France, de Wien et de Planck en Allemagne, nous savons aujourd'hui exactement de quelles quantités varient les proportions des rayons diversement colorés émis par un corps lorsque sa température s'accroît d'un nombre donné de degrés, c'est-à-dire que nous connaissons, pour employer le langage technique, la « loi du rayonnement monochromatique en fonction de la température. »

Dans ces conditions, on conçoit qu'il devenait facile, au moyen des données fournies par la mesure des intensités des diverses radiations d'une étoile (c'est-à-dire par la méthode de photométrie stellaire hétérochrome que nous avons décrite plus haut), d'obtenir des renseignements précis sur sa température. Des mesures préalables faites avec cet appareil sur le Soleil ont indiqué pour celui-ci une température effective de 5 320° ; ce nombre est extrêmement voisin de ceux qui ont été obtenus comme nous l'avons vu en partant de la mesure de la chaleur reçue du soleil, et qui sont tous compris entre 5 000° et 6 000°, cette concordance remarquable justifie la légitimité, la validité de la nouvelle méthode.

Voici maintenant, parmi les nombres obtenus avec les étoiles, quelques-uns des plus intéressants :

L'étoile ρ de Persée a une température effective de 2 870° absolus, c'est-à-dire d'environ 2 600° centigrades (on sait que le zéro de l'échelle dite « absolue » des températures correspond à — 273° centigrades). Cette étoile est donc beaucoup plus froide que le cratère positif de l'arc électrique, et à peine plus chaude que le bec Auer. Elle est la plus froide parmi celles qui ont été étudiées jusqu'ici et elle nous offre sans doute une image de ce que sera notre Soleil dans deux ou trois millions d'années. On peut calculer que si le soleil était actuellement semblable à p de Persée, la température moyenne des régions tempérées de la Terre, qui est actuellement d'environ + 15°, serait réduite à — 30° au maximum. En réalité, lorsque le Soleil sera dans l'étal où est cette étoile, la température de la Terre sera encore beaucoup plus basse, car une grande partie de cette chaleur qui rend notre planète habitable est due à la chaleur interne du globe qui s'ajoute à la chaleur venue du Soleil. Or les profondeurs centrales de la Terre seront, d'après ce qu'on peut présumer, très fortement refroidies d'ici quelques centaines de siècles.

Il y a dans la constellation de Céphée, que l'on voit bien, une étoile qui, comme on le sait, est une étoile variable dont l'éclat change continuellement et passe en trois jours du simple au double pour revenir ensuite en deux jours à sa valeur initiale ; et qui poursuit indéfiniment le même cycle de phénomènes. Or cette étoile a manifesté des variations thermiques qui correspondent exactement à ses changements lumineux. Sa température effective qui est de 6 900° environ, lorsque l'éclat est au maximum, n'est plus que de 4 550° environ, lorsque deux jours plus tard celui-ci est à son minimum. Il y aurait un volume à écrire sur tous les phénomènes étranges que nous montre cette étoile, et sur leurs causes probables, mais cela nous entraînerait hors des limites que nous nous sommes fixées.

L'Etoile Polaire est beaucoup plus chaude que le Soleil et sa température effective a été trouvée égale à 8 200° environ. Mais c'est peu de chose à côté des 12 200° de Véga, cette belle étoile bleue de la Lyre qui est, comme nous l'avons vu, entourée d'une immense atmosphère d'hydrogène. Parmi les étoiles encore plus chaudes dont on a mesuré les températures effectives, je signalerai, dans la constellation de Persée, trois étoiles (β, ε, δ) pour lesquelles on a trouvé respectivement 13 300°, 15 200° et 18 500°, et enfin λ du Taureau qui occupe jusqu'ici l'extrémité supérieure de cette échelle au bas de laquelle nous placions p de Persée, avec une température effective de plus de 40 000 degrés ! Bien entendu, l'exactitude des mesures n'est pas suffisante pour qu'on puisse garantir ces nombres à quelques centaines de degrés près. Il n'en est pas moins vrai qu'ils nous indiquent certainement un « ordre de grandeur » exact. Ces températures colossales dépassent d'ailleurs tout ce que nous pouvions concevoir.

On peut calculer que si, tout en conservant ses dimensions actuelles, notre Soleil avait la température de Véga, celle qui régnerait à la surface de la Terre serait, toutes autres choses restant égales, supérieure à 110° centigrades, c'est-à-dire que les liquides des organismes vivants étant au-dessus de leur température d'ébullition, la vie sous les formes que nous lui connaissons serait impossible sur la Terre. En réalité, lorsque le Soleil, dans le cours des transformations successives qui l'ont amené à son état actuel, a passé par la phase thermique où se trouve aujourd'hui Véga, la chaleur due à la masse en fusion qui constitue l'intérieur de la Terre n'avait certainement pas encore été réduite par le rayonnement à sa faible valeur actuelle. De tout cela nous pouvons conclure que l'apparition de la vie sur la Terre n'a certainement pu se produire que très longtemps après l'époque où le Soleil avait la température de Véga.

VI. — ÉVOLUTION CHIMIQUE DES ÉTOILES

Mais si nous étudions maintenant les particularités, spectrales des étoiles dont on a mesuré ainsi les températures, nous voyons que les plus chaudes sont précisément les étoiles où l'hydrogène et l'hélium sont prédominants et les métaux absents, tandis qu'à mesure que nous considérons les étoiles dont la température a été trouvée de plus en plus basse, nous voyons apparaître dans leurs spectres les raies de plus en plus nombreuses des métaux, pour aboutir avec ρ de Persée aux raies des corps composés Ainsi se trouvent confirmées dans leurs grandes lignes les magistrales inductions de Lockyer, et par une méthode complètement indépendante de celle qu'il avait employée !

Nous avons donc maintenant des raisons encore plus fortes que jamais de supposer que révolution calorifique des étoiles est bien réellement accompagnée d'une transmutation des éléments chimiques. D'après cela et avec nos résultats, on peut même calculer que la température où tous les métaux sont transformés en hydrogène et en hélium est très certainement supérieure à 15 000 degrés ; entre 15 000 et 4 000 degrés les divers corps simples feraient leur apparition progressive, les corps composés ne commençant à se former que bien au-dessous de 4 000 degrés, et à partir d'une température comprise entre ce nombre et 2 800°. En face de cette immense échelle thermique le long de laquelle évoluent les formes de la matière minérale, les limites de la vie organisée sont négligeables, puisque l'existence de tous les êtres vivants que nous connaissons se trouve comprimée dans un intervalle qui n'est même pas de quelques centaines de degrés.

VII. — ÉCLAT DES ÉTOILES

La possibilité d'évaluer approximativement les températures stellaires n'est pas seulement précieuse en ce sens qu'elle apporte au problème de l'évolution des mondes une contribution inattendue. On peut montrer qu'elle permet en outre d'aborder quelques autres questions astronomiques importantes, qui s'étaient montrées jusqu'ici à peu près rebelles à l'analyse : à savoir, l'évaluation des dimensions exactes des étoiles, et de leur puissance lumineuse intrinsèque.

Revenons un instant à l'exemple simple d'une barre de fer que l'on porte progressivement à des températures de plus en plus élevées. Non seulement, comme nous l'avons vu, elle change peu à peu de couleur à mesure qu'on la chauffe, et passe par gradations du rouge sombre au rouge vif, a l'orangé et finalement au blanc éblouissant, mais elle subit en même temps des variations notables de son éclat. Elle nous envoie beaucoup plus de lumière lorsqu'elle est chauffée à blanc que lorsqu'elle est simplement portée au rouge. On sait, comme il a été dit plus haut, que tous les corps opaques portés par la chaleur à l'incandescence se comportent de même. On a constaté que les variations de leur éclat qui accompagnent l'augmentation de la température ne dépendent que de celle-ci et sont à peu près les mêmes pour tous les corps. D'ailleurs, ces variations d'éclat sont assez grandes. Pour prendre un exemple, lorsqu'un morceau de fer est chauffé d'abord à la température du rouge sombre (700°

environ), puis du blanc éblouissant (environ 1 500°), son éclat varie plus que du simple au quintuple. On a déterminé très exactement ces dernières années, à la fois par l'expérimentation et par la théorie, les lois qui lient les changements d'éclat des corps à leurs températures, et ces lois sont bien connues actuellement. L'auteur de cette étude a pensé à les appliquer aux données fournies par l'étude des températures des étoiles ; et quelques-uns des résultats ainsi obtenus sont fort curieux.

Le résultat du calcul fait pour le Soleil en partant de la valeur de sa température effective que nous avons trouvée égale à 5 320° absolus est le suivant : chaque centimètre carré de la surface du Soleil (et je rappelle que sa surface totale est de 6 quatrillons de kilomètres carrés) émet autant de lumière que 319 000 bougies. Les arcs électriques les plus puissants que l'on ait réalisés, ceux par exemple qui éclairent l'avenue de l'Opéra, sont donc trente fois moins lumineux, au bas mot, qu'un seul centimètre de la surface solaire. Ce qui est fort curieux, c'est que, dès le début du XVIIIe siècle, Bouguer avait eu l'idée de comparer l'éclairement dû au Soleil à celui d'une bougie, et de ces anciennes mesures découle ce fait que chaque centimètre carré du Soleil émet la lumière de 300 000 bougies environ. C'est à très peu près le nombre que nous avons déduit tout à l'heure par le calcul, de la température du Soleil. Il s'ensuit que, si Bouguer avait connu les lois exactes du rayonnement, il aurait pu déduire de ses mesures la valeur à peu près exacte de la température du Soleil, et cela il y a deux siècles !

En faisant pour quelques-unes des étoiles dont nous avons mesuré les températures un calcul analogue, on obtient quelques résultats bien curieux. La puissance rayonnante de p de Persée est très inférieure à celle du Soleil, et une surface donnée de cette étoile émet au plus la dixième partie de la quantité de lumière d'une portion égale du Soleil. Au contraire, celui-ci n'est qu'un pâle flambeau à côté de Véga ; chaque centimètre carré de cette étoile rayonne à peu près autant que 20 centimètres de la surface solaire, c'est-à-dire émet autant de lumière que plus de six millions de bougies dont on supposerait la puissance lumineuse totale condensée sur un seul centimètre. Quant à l'étoile λ du Taureau dont la température est la plus élevée de celles qui aient été mesurées, on peut calculer que l'éclat de sa surface est plus de 90 fois supérieur à celui du Soleil.

La clarté de la lumière du jour serait donc presque centuplée si la surface solaire était semblable à celle de λ du Taureau, et sans doute nos yeux n'en pourraient supporter l'éclat ! Les torrents de lumière du Soleil qui ont inspiré tant d'odes dithyrambiques sont donc, à tout prendre, bien pâles à côté de la glorieuse clarté qui fait à d'autres étoiles une couronne éblouissante. Et ceci prouve une fois de plus que nous devons interpréter avec modestie les sensations, même les plus intenses, que nous procure le monde extérieur, et que nous ne pouvons, hélas ! mesurer qu'à l'échelle ridicule de nos habitudes.

Mais il se dégage des résultats précédents, heureusement, autre chose encore qu'une leçon d'humilité : je vais montrer en effet que nous pouvons en déduire des renseignements assez exacts sur les dimensions des étoiles.

VIII. — DIMENSIONS DES ÉTOILES ET DU MONDE STELLAIRE

L'image d'une étoile, même la plus rapprochée de nous, se réduit dans les lunettes à un simple point lumineux. Les dimensions de ce point lumineux ne peuvent en aucune façon nous renseigner sur celles de l'étoile, car on a constaté depuis longtemps que, plus la lunette employée est puissante et parfaite, plus ce point est petit. On sait maintenant que les dimensions apparentes de celui-ci sont dues simplement aux imperfections optiques des instruments employés, et qui font que tous les rayons émanés d'un point éloigné ne convergent pas rigoureusement dans la lunette, mais s'étalent suivant un petit disque de lumière. Tout ce qu'on pouvait affirmer jusqu'à maintenant, c'est donc uniquement que les étoiles, même les plus voisines, ont dans les plus puissants télescopes une image plus petite que l'étalement lumineux dû aux imperfections instrumentales, c'est-à-dire que cette image n'est pas mesurable. On ne savait en résumé rien de précis sur les diamètres des étoiles.

Or prenons, pour simplifier, l'exemple de Véga. D'après ce que nous avons vu, si cette étoile avait les mêmes dimensions que le Soleil et était à la même distance que celui-ci, elle nous paraîtrait environ vingt fois plus brillante que lui. Mais nous connaissons les distances de Véga et du Soleil, et aussi le rapport de leurs éclats réels qui a été mesuré. Nous pouvons donc calculer facilement de combien l'éclat réel de Véga nous paraîtrait augmenté si elle était rapprochée à la distance du Soleil : et nous trouvons que Véga nous paraîtrait alors réellement quarante-neuf fois plus brillant que le Soleil. Il s'ensuit que la surface de Véga dépasse celle du Soleil autant que quarante-neuf dépasse vingt et nous en concluons finalement que le diamètre de Véga est égal à un peu plus d'une fois et demie celui du Soleil. Ceci constitue la première donnée acceptable qui ait été obtenue sur le diamètre d'une étoile.

Cette méthode si simple permet donc de déterminer les diamètres de toutes les étoiles dont la température et la distance sont connues, c'est-à-dire qu'elle est applicable dès maintenant à plusieurs dizaines d'étoiles. Parlons tout d'abord de Sirius, cette reine du firmament, dont la pure lumière, sans égale parmi les étoiles visibles, a si souvent, depuis l'antiquité, occupé les poètes, les savants et les philosophes. Sirius est à une distance de la Terre relativement faible, et telle que la lumière ne met guère que neuf ans à la parcourir. Lors donc que nous regardons Sirius, nous la voyons telle qu'elle était il y a neuf ans. Or on trouve par la méthode précédente que lu diamètre de Sirius est à peine supérieur à celui du Soleil, il est moindre, en tout cas, qu'une fois et demie celui-ci. C'est donc par erreur qu'on avait toujours déduit jusqu'ici de l'éclat très grand de cette étoile que son volume devrait être énormément supérieur à celui du Soleil (et on trouvera encore cette erreur dans les traités les plus récents d'astronomie). Si Sirius est plus brillante que ne serait le Soleil à sa place, c'est presqu'uniquement parce que chaque mètre de sa surface rayonne beaucoup plus de lumière qu'un mètre de surface solaire, et nullement, comme on l'avait cru jusqu'ici, à cause d'une grande différence dans les dimensions des deux astres.

Exactement opposé est le cas d'Aldébaran, la principale étoile de la constellation du Taureau. Nous trouvons en effet que cette étoile a un diamètre de neuf à dix fois plus grand que celui du Soleil et égal à environ treize millions de kilomètres. Le volume d'Aldébaran est presque mille fois plus grand que celui du Soleil ; il le dépasse donc autant que le volume du Soleil lui-même dépasse celui de Jupiter. Si donc Aldébaran n'est pas une des plus brillantes parmi les étoiles, c'est que sa surface, malgré son énormité, n'a qu'une température et un éclat médiocres. Parmi les autres étoiles auxquelles on a appliqué cette méthode, on n'en a pas trouvé dont les dimensions soient supérieures à Aldébaran. La plus petite est σ du Dragon, dont le volume n'est égal qu'à un quinzième environ de celui du Soleil. Les dimensions de toutes les autres étoiles étudiées s'étagent entre ces deux extrêmes, de sorte qu'en somme les étoiles sont, peut-on dire, des astres du même ordre de grandeur et dont les volumes ne diffèrent pas énormément de celui du Soleil. Ceci constitue la plus éclatante confirmation et la plus démonstrative qui ait encore été obtenue de la géniale induction d'Héraclite.

On peut maintenant essayer d'évaluer grossièrement la quantité de matière que représentent les millions d'étoiles de la Voie Lactée. On sait que la masse du soleil est d'environ 2 quintillions de kilogrammes. D'autre part, le nombre des étoiles de la Voie Lactée n'est sans doute guère inférieur à un milliard. Enfin nous venons de voir que les volumes, et par suite les masses des diverses étoiles que nous avons pu étudier, sont les unes plus grandes, les autres plus petites, mais en moyenne peu différentes de celle du Soleil. La masse totale de matière contenue dans la Voie Lactée est donc d'environ deux sept il lions de kilogrammes. C'est un nombre qu'il est inutile d'écrire avec des chiffres, car il contient quarante-deux zéros. Mais si énorme que soit cette masse, elle nous paraît presque minuscule à côté de l'espace dans lequel elle est répandue.

Si nous essayons en effet de nous imaginer que nous regardons l'univers stellaire avec des yeux supra-terrestres, pour lesquels un million de kilomètres seraient semblables à un de nos millimètres, le Soleil et les étoiles nous apparaîtront comme des têtes d'épingles éloignées les unes des autres de 100 kilomètres en moyenne. Les étoiles de la Voie Lactée représentent un état de dissémination extrême de la matière, et dont on ne peut donner une idée qu'en la comparant à celle d'un seul litre d'eau dont les gouttelettes auraient été éparpillées sur toute la surface du globe terrestre ! Certes, aux yeux du philosophe, les mouvements d'un atome microscopique ne sont pas moins admirables que les splendeurs géantes de la Voie Lactée. Mais, parce que nous sommes malgré tout des hommes, ce qui est grand nous émeut, et nous aimons ce vertige fascinant qu'on sent à contempler les horizons sans limite. Et puis, nous distinguons mieux dans les astres, dégagée des contingences et des détails, la simple harmonie des lois naturelles : un myope juge mal des grandes lignes d'un paysage, et l'astronome est sans doute le moins myope des humains.

L'Astronomie restera toujours le jardin préféré de ceux qui aiment les promenades au pays du mystère, dont on revient apaisé et un peu triste, et où le charme des fleurs nouvellement cueillies rend plus doux et plus âpre à la fois le regret de toutes celles qu'on ne verra jamais. Aussi est-ce plus encore le sentiment du beau que celui du vrai qui s'exalte à scruter le ciel. Si l'image que nous nous formons de l'Univers est harmonieuse et belle, elle n'est pas complète et sans doute ne le sera jamais. Peut-être vaut-il mieux après tout qu'il en soit ainsi, s'il est vrai que le savoir présent n'est doux que parce qu'il est le gage du savoir futur.

C'est à cause de cet attrait éternel de l'inconnu que l'homme, sur sa route sans fin, aimera toujours cette petite chose tremblante et légère, que la science a su rendre si suggestive : le rayon bleu d'une étoile.

ISBN : 978-1722838270

www.ingramcontent.com/pod-product-compliance
Lightning Source LLC
Chambersburg PA
CBHW070935220526
45468CB00005B/1782